體內環保代謝餐

體內環保的50道輕食料理

養生美食專家 林秋香 著

· 素食可 ·

糙米地瓜飯能解毒、通腸、利便，

黃瓜精力湯能維持身體各器官的正常解毒功能，紫蘇生薑紅糖水能促進表皮排汗……

50道作得輕鬆、吃得滿意的美食能促進新陳代謝，把堆積在身體裡的毒素掃光光！

「吃」出體內環保

　　最近「排毒」這個話題，似乎非常地熱門，許多專家與醫師都各有一套自己的說法，常令一般大眾摸不著頭緒。有些專家會建議買一堆營養食品或製造好水的機器，也有些賣健康排毒的酵素或食品，更有一些輔助排毒的用具出現，如果要全部一一遵循，那麼願意去實行排毒的人可能只侷限於身體有重大疾病或長期受慢性病所苦的人才會去實施吧！

　　其實排毒是什麼？就是把身體裡的髒東西排出體外，讓身體無負擔。所以，最基本的就是新陳代謝是否正常，像是大小便是否順暢，汗是否能夠發出來，肝、腎解毒功能是否正常等等。然而這些生理反應，其實在日常生活裡，以「飲食」就可以做到了，而且也是最基本、最方便的，不需要花大錢，就可以把自己的身體顧好，把不好的東西全部清乾淨。雖然「吃」是每天都要做的，但也是一門大學問，因為要吃對食物，身體才會健康、有體力，吃錯食物，身體有負擔、沒力氣。

　　我一向認為預防勝於治療，所以照顧自己應該從平常的飲食開始做起，且簡單易學、好吃更為首要條件，如果要對利用自己身體有幫助，卻難以入口的食物來排除毒素，我想要持之以恆是不容易的。所以，可以做到色、香、味俱全的排毒餐，讓做的人輕鬆、吃的人享受，這才是身心靈都獲得解放的保健之道。

　　由於現在的人生活都非常忙碌，壓力也非常大，往往在不知不覺中就累積許多毒素在身上，當忙碌了一個禮拜，週末假期一到，全身就可以放鬆，可是身體上不適狀況卻持續累積，沒有改善就又再繼續，一直循環下去，當身體發出嚴重抗議時，可能會賠上健康與大筆金錢。本書就是希望大家能夠好好利用兩天的週休假期，將一週所承受的壓力與毒素有效的排出，還原身體的自癒能力，利用輕鬆的方式，達到排毒效果，使身心靈都獲得調理，而

且還能享受美味的食物，讓大家不再有排毒餐好難吃的刻板印象。

　　要健康、要美麗，又要好體力，均衡營養是很重要的，希望藉由本書，真正讓大家能夠擁有健康。還有，歡笑多一點、煩惱少一點也是健康之道，祝福大家！

美麗的藥膳養生美食專家。
從事粵菜餐廳的經營之外，還師承張步桃中醫師，
精心鑽研藥膳食補及養生料理多年，
將養生藥膳改良到一般大眾都能接受的美味，
尤其是對女性方面的美容膳食更是具有獨到的研究，
積極且廣泛的推廣，在現今各大平面、
電子媒體都有創新的美食呈現給大眾朋友，
是媒體、出版社爭相邀約的美食專家，
對於養生料理的貢獻良多，食譜作品更是受到大家的喜愛。

經歷

中視〈怡養茶香〉、〈歡喜大補帖〉、〈養生御膳坊〉、
公視〈養生小鋪〉等節目主持人
〈食全食美〉、〈料理美食王〉、〈生活好事兒〉、
〈吃飯皇帝大〉，以及各媒體特約來賓

著作

《抗老化食譜》、《聰明吃番茄》、《山藥養生食譜》、
《好吃健康素》、《纖活水果素》等養生、美容健康料理
食譜30餘本。

現任

恩承居餐廳負責人

CONTENTS

PART 1 米飯

菜餚

體內排毒大作戰

　　「排毒」在最近幾年相當地熱門，無論是在平面媒體或是書店的書架上，甚至是電視、廣播，都可以常常看到或聽到排毒這個話題。有的是專家教導如何做好體內排毒，有的是教如何製作排毒餐點，還有的是推銷跟排毒相關的產品。只要市面上流行什麼話題或產品，一般民眾就會一窩蜂的跟流行，但是真正的需求跟定義卻不一定瞭解。所以，排毒到底是什麼？要怎麼做才能有真正效果？可能十個裡有九個人，他們的答案是「現在流行啊，反正對身體有好處。」這麼籠統的回答，其實是大家對排毒的不瞭解。

什麼是排毒？

　　事實上，正統中醫和西醫都不曾出現「排毒」的字眼，只能說是人體的新陳代謝，這包括了吸收跟排泄。而從現代醫學的觀點來說，正常人體內有大量的代謝產物或毒物，這些物質在正常情況下是會經由皮膚、黏膜或從大、小便中排出體外的。所以當代謝不正常時，這些產生出來的毒物就不會正常的排出，堆積在我們體內，我們的生理狀況當然也會有不好的變化。

　　由於社會大環境的改變，自然環境污染加重，我們生活中的必需品，像是水、糧食及水果、蔬菜等都有不同程度地污染，我們在不知不覺中吃入這些食物後，增加了體內毒素的累積。另外，社會節奏的加快，工作壓力、睡眠不足、情緒緊張等，連帶影響身體的狀況，再加上飲食或菸酒的不良習慣，都會讓身體的內分泌失調。這些種種因素，都是影響到我們身體新陳代謝的改變，嚴重的就會疾病纏身。

　　所以，簡單來說，排毒也就是身體做到新陳代謝的順暢，肝、腎臟的排毒功能正常，讓體內不會累積太多髒東西，影響到身體機能的正常運作。

選擇適合自己的排毒方式

　　瞭解到排毒的基本目的後，您就應該開始檢示自己身體是否真正需要進

行排毒，讓身體恢復最好狀態。

首先，大、小便是否順暢，排汗是否正常？如果二便順暢、排汗正常的人，身體中的毒素就相對較少。大便通暢，腸道毒素就會較少；小便、排汗都正常，那腎臟的負擔就可以減輕，毒素也就不會囤積在臟腑與肌膚體表，這樣膚色更亮麗、身體更輕盈，精神也會更愉悅。

接下來，您的生活作息是否正常？是否在該睡眠的時間去休息？因為這是影響肝功能的重要指標。肝臟是非常重要的排毒器官，它也是很敏感的器官之一，應該讓它休息的時間還要它繼續工作。肝功能一旦受傷時，體內毒素的累積，就可想而知的。

清楚分析好自己的身體狀況後，您就可以好好對症下藥，進行自己的排毒功課。如果是長期熬夜以及體力透支導致肝功能受到影響時，適度的休息、提早就寢是非常重要的，因為這就是維護肝臟解毒的好方法。休息重於吃補品，所以能夠作息正常，您肝臟的機能，應該不會太差。如果是排便不順，那麼您的飲食就必須要特別注意了，不要過鹹、挑選多纖維質及維生素多的新鮮蔬果，盡量挑選可以清宿便、幫助腸內穢物盡快排出的食材，還有要減少濁氣及毒素氣體的積聚，這樣腸胃負擔才會減輕。如果是排尿不順，那麼腎臟功能就可能受到影響；尿液是很髒的東西，它如果長時間沒有排出來，細菌會呈倍數成長，所以多喝水、多吃利尿的食材，把廢棄物排出，這樣對腎臟的解毒能力才能有幫助，機能運作也才能恢復正常。如果是排汗不順時，最好是保持運動習慣，利用正常運動方式，達到排汗效果；不然可以利用泡澡發汗，或是藉由飲食中一些發汗食物，來讓毛孔舒張、血液循環正常。

除了上述對症的解決之道外，還有基本功課要做，那就是懂得蔬果的清洗。因為現在環境的污染嚴重，蔬果的生長期可能吸入有毒物質，所以要懂得避開農藥的毒及居家環境、空氣中的毒。許多人為了安全而挑選有機蔬果，但是有機蔬果的爭議也是很大，像認證、檢驗等等，所以「徹底清洗」才是重點，不論是買回那種蔬果，清洗就是一門大學問了。您必須先用大容器裝著要清洗的蔬菜或水果，然後開水龍頭，用流動的水沖洗3至4次，接著浸泡一下，再沖洗一次，這樣才可安心使用；如果是要生食蔬菜食物，用流動水清洗後，再用冷開水沖洗一遍，才可生食。

如何在週休假期達到快速排毒的效果

當然，排毒工作是應該要每天持之以恆的，但是現在社會腳步的快速，連帶影響到大家的作習或生活習慣，所以總是當工作忙完後，才會發現自己吃了一堆垃圾食物、水也喝的不多、生活作習也大亂。因此，週末兩天假期是最好利用的時間，好好地在這兩天把累積在身上一個禮拜的多餘負擔排除乾淨，達到快速排毒效果。

第一，就是作息要正常、飲食要正常、水量要夠。這是每天基本要遵守的。

第二，保持運動的習慣，每天運動30分鐘，如果沒有時間特別挪出來運動，那麼您不妨利用上、下班，不坐電梯爬樓梯；或是提早下車，走路上、下班，這樣利用時間運動，也是很理想的方式。如果真沒時間，那麼週末時間，好好抽出一兩個小時，鍛鍊一下身體，發發汗，把毒素排出來。

第三，挑選重點飲食，將自己的狀況，挑選本書中有需要且有效的排毒食譜，利用週末兩天好好享用，早餐、中餐、晚餐都利用這裡的食譜，是非常有效果的。

第四，每天可以早晚各一次，飲用30cc酵素，加上15cc水果醋與10cc的蜂蜜，來促進身體代謝機能，減少有毒物質固積體內。

利用週休兩天的假期排毒，主要是利用飲食來做輔助，很多習慣還是要靠平常維持的。千萬不要用沒時間當藉口，因為身體健康，才是一切的本錢。

十種適合延續假日排毒效果的食材

　　您也許只能利用週末兩天來吃排毒餐，但是平常時間，也可以利用幾樣食材來延續您假日進行排毒的效果。這些食材取得方便，食用也方便，不妨參考一下。

牛蒡

主要含有特殊菊糖及纖維質等成分。所以它淨化血液、利尿的效果很好，還能夠促進新陳代謝、改變體內酸鹼值，還可以提昇免疫力、平衡腸內益菌。是一項非常理想的排毒食材。

高麗菜

主要含有蛋白質、胺基酸、葡萄糖、維生素A、B_2、C、K_1、U及鈣、磷、硫、氯、碘等成分。淨血、通便效果好，容易取得，口感清脆、味道甘甜，是非常美味的一樣蔬菜。

菇類

各種菇類都有提升免疫能力及對抗病毒與外來腫瘤細胞的功效。現在市面上的菇類五花八門，除了常見的香菇、金針菇、洋菇之外，有許多新開發出來的菇種，像是美白菇、鴻喜菇、白面蘑菇等等，口感都有不同，大家不妨多多食用，不但是享受美食，還是對身體減輕負擔的好食材之一。

薑

主要含有薑辣素及維生素等成分。它有促進發汗、增加胃液分泌、增加腸蠕動，以及驅除穢氣等功效。對素食者是一種爆香料，但是排毒效果好，不管是葷食或素食，都是可以常常利用的食材。

蘿蔔

含有蛋白質,醣類,纖維素,維生素B、C,以及鈉、鈣、磷等成分。可以幫助消化、通便、利腸、淨血等效果。蘿蔔現在一年四季都有產,是非常方便取得的食材。

綠色
花椰菜

主要含有蛋白質,醣類,維生素A、B、C、K_1、U及礦物質的磷、鐵等成分。可以抗發炎、抗潰瘍及抗菌作用。一年四季都可以買到,非常方便,又是綠色蔬菜,是很適合多吃的蔬菜。

鳳梨

主要含有鳳梨酵素,可以分解蛋白質、幫助消化、通便、增進食欲,還可使腸道有益菌增多、提早排出廢物。不過千萬別在空腹時吃,因為鳳梨的纖維粗,容易刮胃,為了排毒反倒把胃搞壞,這樣可不行喔!

芽菜類

排毒的好幫手,能夠使細胞活化、促進新陳代謝、幫助廢棄物排出。每天早晨來上一杯由芽菜為主的蔬果汁,一定讓您的腸道清的很乾淨。

苦瓜

主要含有苦瓜柑、多種胺基酸、維生素B和C等成分。它解毒、抗發炎、清熱毒的效果很好。如果不敢吃苦瓜,也可用蘆筍,它的效果是一樣的。

葡萄

主要含有豐富的維生素A、B、C,以及大量葡萄糖。可以補氣養血、強化肝臟、美容、利尿、抗自由基,對孕婦也相當有幫助,可以造血、安胎氣,使膚色紅潤。是非常好的水果,多吃水果,有益身體喔!

排毒食材健康站

　　美食，最重要的就是認識材料，以及材料的選擇。在這裡，我們需要認識的是適合排除身體毒素的材料，讓身體能夠沒有負擔，材料的選用就相當重要了。首先，以天然的蔬果為最主要考量，因為天然的「尚好」，不會對我們的身體造成太多負擔，且容易代謝出去。所以請大家要好好研讀這個部分唷，對您一定會有好處的！

綠色花椰菜

主要含有蛋白質，醣類，維生素A、B、C、K_1、U及礦物質的磷、鐵等成分。可以抗發炎、抗潰瘍及抗菌，還能夠健美肌膚、增強視力、預防胃潰瘍及十二指腸潰瘍，並對皮膚生瘡或是貧血具有改善作用。

蘿蔔嬰

主要含有蛋白質，植物雌激素，維生素A、C以及鈣、鐵、鉀、纖維素等成分。可以幫助消化、刺激胃腸蠕動、預防便祕，另外有助減緩月經或更年期不適的症狀。

蕎麥芽

主要含有維生素B、C，酵素及纖維質等成分。有解毒、消炎作用，還能促進身體的新陳代謝。

白色花椰菜

主要含有豐富的維生素A、B、B_2、C，以及礦物質、蛋白質等成分。有利尿、消水腫及抗發炎的功用。

葵花芽

主要含有維生素B、C，酵素及纖維質等成分。有解毒、消炎作用，還能促進身體的新陳代謝。

花椰菜芽

主要含有維生素A、C、K_1及U等。可抗潰瘍、修補細胞及抑制幽門桿菌。

苜蓿芽

主要含有維生素C、蛋白質、纖維質、酵素等成分。能排除體內毒素、清除宿便、預防癌症。

油菜

主要含有大量維生素A、B₁、B₂、C及蛋白質等成分。能夠清潔血液、清熱利尿，以及預防皮膚病等功效。

菠菜

主要含有維生素A、B、C、D，以及礦物質、纖維質等成分。有通便淨血、解毒等功效。

小黃瓜

主要含有蛋白質，醣類，纖維素，維生素A、C，以及礦物質中的鐵、矽、硫、鉀等。可以利尿、消炎、潤澤肌膚、平衡血壓。

蕪菁

一般稱作大頭菜，主要含有蛋白質、維生素及醣類等成分。有解熱毒風腫及消食通便的功效。

大黃瓜

主要含有鉀鹽、β-胡蘿蔔素、維生素、醣類及礦物質等成分。可以促進胃腸蠕動，加速排出腸內腐敗物質。

甜菜根

主要含有天然紅色維生素及維生素B群、以及鉀、鐵、磷等礦物質成分，是素食者及婦女朋友的天然營養品。能夠協助肝臟解毒功能、降低血糖。

薑

主要含有薑辣素及維生素等成分。有促進發汗、增加胃液分泌、增加腸蠕動，以及驅除穢氣等功效。

大白菜

主要含有維生素A、B、C、D及礦物質、 纖維等成分。能夠促進腸蠕動，還有通便、解壓、除煩等效果。

地瓜

主要含有澱粉、纖維質及維生素A、B、C等成分。能夠增加腸道蠕動，還可以抗自由基。

甜椒

主要含有豐富的磷、鐵及維生素A、C等成分。能夠降低血壓、對人體汗腺及淚腺有淨化作用，另外還有滋養髮根、促使皮膚光滑柔嫩的效果。

馬齒莧

主要含有維生素B、C及β-胡蘿蔔素等成分。有抑制細菌的作用，並還能消炎、止血。

番茄

主要含有維生素C、P，磷、鈉、鉀、鎂及茄紅素、β-胡蘿蔔素等成分。可以提昇免疫力、促進新陳代謝、預防攝護腺方面疾病、潔淨肌膚、減少膚色暗沉等功效。

秋葵

主要含有蛋白質、醣類、維生素A、B，以及礦物質中的鈣和鎂等。有修補細胞、抗自由基及增強體力的作用，在日本是一道強壯的菜餚。

蘿蔔

含有蛋白質、醣類、纖維素、維生素B、C，以及鈉、鈣、磷等成分。可以幫助消化、通便、提升腸內有益菌增加，還有利水消腫脹、潤燥化痰等作用。

新鮮洛神花

主要成分有花青素。可以利尿、消暑、抗自由基，還能強化肝功能。

高麗菜

主要含有蛋白質、胺基酸、葡萄糖、維生素A、B₂、C、K₁、U及鈣、磷、硫、氯、碘等成分。治療胃潰瘍、預防便祕、皮膚生瘡、貧血、噁心等症狀。

蘆筍

有白、綠兩種。主要含有蛋白質、醣類、纖維素，維生素A、B₁、B₂、C，以及鐵、磷、鈣等礦物質。有防止血管硬化、降血壓、清熱、利尿等功效。

牛蒡

主要含有特殊菊糖及纖維質等成分。能夠促進新陳代謝、淨化血液、改變體內酸鹼值，還可以提昇免疫力、平衡腸內益菌、增加孕婦體力。

山藥

主要含有維生素E、胺基酸、黏蛋白、甘露聚糖等。可以增加抗病毒能力、抗氧化及自由基，另有益氣補　、調整內分泌、促進血液循環、改善更年期不適症狀、增強體力的功效。

紫蘇葉

主要含有蛋白質、醣類、維生素A、C，以及磷、鐵等礦物質成分。有發汗、利尿的效果，另外還有鬆弛緊張、消除疲勞、滋補、鎮咳的功效。

蘆薈

味苦寒。含有木質素的成分，能夠促進腸蠕動及有益通便、美膚、平衡酸鹼質。

蓮藕

主要含有維生素A、B、C，礦物質的磷、鐵、鎂、鉀等。能夠淨化血液、抗發炎及潰瘍，還可以利尿、幫助廢物排出；另外還能改善虛弱體質、調理貧血體寒；生食能夠解熱暑。

左手香

主要含有維生素。具有消炎消腫，以及消除身體發炎的毒素。

鳳梨

主要含有鳳梨酵素，可以分解蛋白質、幫助消化、通便、增進食欲，還可使腸道益菌增多、提早排出廢物。

蘋果

味甘、微酸、性平、無毒。對人有補氣、健脾、生津、止瀉、通便等功能，並能夠降低膽固醇、滋潤皮膚。

木瓜

味甘、性平、無毒，適合任何身體狀況下食用，其中含有最可貴的木瓜酵素，可幫助消化，其功效與胃蛋白酵素及胰蛋白酵素的性能相似，具有分解壞死細胞的能力。另外，木瓜還含有豐富的維生素A、B₂、C及礦物質，是水果的上品，能助消化、治潰瘍，還兼具消除黑斑、雀斑與美化肌膚的妙用。

柳橙

主要含有豐富的維生素C及P，以及礦物質，是美容養顏的極佳水果。具有鎮咳治疾、清熱生津、健脾開胃的效果，並可增強抵抗力來預防感冒、防止細胞老化、維持良好的血液酸鹼度。

草莓

富含維生素C，是營養美容、老少咸宜之高級水果。又含有豐富的天然草柔花酸，能保護人體細胞。

葡萄

主要含有豐富的維生素A、B、C，以及大量葡萄糖。可以補氣養血、美容、利尿、抗自由基，對孕婦也相當有幫助，可以造血、安胎氣，使膚色紅潤。

奇異果

含有豐富維生素C。能緩解熱燥、利尿、止渴，更是婦女朋友的美容聖品。

哈密瓜

主要含有極豐富的天然醣質、維生素A、C等成分。生食可以解熱止渴、淨化血液、利尿、潤肺，經常身心倦怠，心神浮躁不安、口臭者食用會有清熱解燥的功效。

香瓜

主要含有豐富維生素C。可以解熱止渴、淨化血液、利尿、除口臭。

梨子

味甘、酸、性涼、無毒。含維生素C及水分多，可以生津止渴、利尿、潤肺、鎮咳化痰。

火龍果

主要含β-胡蘿蔔素，鈣、磷、鐵，維生素B₁、B₂、B₃及C等成分。能促進人體腸胃消化功能、提昇免疫能力。另外，含不飽和脂肪酸、抗氧化物質等，可以降血壓，亦對糖尿病及攝護腺患者有很好的療效。

桑椹

主要含有豐富的維生素、葡萄糖、蘋果酸等成分。能生津止渴、調節消化、促進腸胃蠕動、舒筋、幫助入眠，以及婦女最愛的美容養顏。

葡萄柚

內含豐富的果酸及維生素C、橙苷。能生津止渴、消暑、降火氣、消除疲勞、降血壓、助消化，更是婦女朋友美容、潤膚、減肥的最佳選擇。

鴻喜菇

含有豐富的蛋白質、胺基酸、礦物質、維生素、多醣體及纖維素，是低脂肪、低熱量、零膽固醇的食材。保護肝、腎、肺等器官，還有抗癌作用。

美白菇

含有豐富的胺基酸、多醣體、礦物質、酚類化合物、纖維素等成分。有美容養顏的功效，是美麗的必備元素。

杏鮑菇

主要成分為纖維質及多醣體。能夠促進體內代謝與積存廢物的排出，減輕腸胃負擔。

香菇

有乾品及新鮮品，是營養價值高的補養品。含有多醣類、胺基酸、酶類、多種維生素等成分。能夠補血益胃、抗癌、降低血脂等作用。

茶樹菇

主要成分為纖維質及多醣體。能夠促進體內代謝與積存廢物的排出，減輕腸胃負擔。

巴西蘑菇

含有豐富的蛋白質、脂質、礦物質、維生素及膳食纖維，其中脂質以亞油酸為主的不飽和脂肪酸含量最為豐富，可幫助維護平日身心健康。

白面蘑菇

含有多酚及鋅、鐵、鈣、磷等礦物質，以及蛋白質等成分。可以抗癌及自由基、美白、抗氧化、抗紫外線的功效；其中的多醣體成分能幫助免疫功能。

金喜菇

主要含有鐵、鋅等礦物質，以及植物性膠原蛋白等成分，具有美膚、抗老、防腫瘤等功效。

胚芽米

是將外皮的米糠去除，留住胚芽的米，口感比糙米柔軟，纖維質比糙米少一些，同樣可以降低膽固醇、強化內臟解毒功能，以及通腸利便。

五穀雜糧米

集合胚芽米、黑糯米、小米、蕎麥、燕麥五穀的完整營養融合，能調節五臟促進消化吸收的能力；也由於多纖維，能夠預防便秘及毒素的囤積。

糙米

含有維生素、亞麻仁油酸、礦物質等成分。可以降低膽固醇、強化內臟解毒功能，以及通腸利便。

糯小米

主要含有纖維質及維生素B群等成分。有健胃、利小腸、補虛勞，以及促進排便的作用。

紅薏仁

又稱糙薏仁，而一般的白薏仁，則是紅薏仁再脫去米糠而來的。主要含有蛋白質、脂肪及豐富的維生素B_1、B_2，以及鉀、鈣、鎂、鐵等礦物質，並含有薏仁脂、水溶 多糖及六種酚類化合物等成分。有健脾、補肺、利濕、清熱排膿等功效，還能驅除外來細胞、抗病毒。

紅豆

主要含有澱粉，蛋白質及維生素B_1、B_2，礦物質等成分，是鹼性食物。可以改善身體酸鹼值、活化心臟，以及有利尿功效。

綠豆

主要成分有維生素A、B、C。能夠促進膽汁分泌與幫助肝功能，還可以清熱、解毒、治腫痛熱毒及解酒毒等功效。

薏米

含有豐富的蛋白質、脂肪及維生素B群。能夠消水腫、利尿、抗腫瘤及清熱、去濕氣。

黑豆

主要含有蛋白質，維生素A、B、C及離氨酸等成分。可以解毒、淨化血液，以及增強肝、腎的解毒能力。

牧草粉

主要含有成長激素及葉綠素，維生素含量也相當豐富。可以補充身體能源、抗氧化，還能提升抗病毒的能力。

核桃

主要含有脂肪、蛋白質及維生素等成分。有利尿、通便的效果。

腰果

主要含有脂肪、油質、蛋白質、醣類及維生素B群等成分。有補氣血及肺部、腎臟，增加血液的淨化。

納豆

主要含有蛋白質及碳水化合物，是大豆發酵產品，其中含有多種酵素，能夠促進體內新陳代謝及腸道有益菌的增生。

海帶

主要含有碘及維生素A、B_1、B_2、C等成分。能夠改善血液的酸鹼值、增加肝與腎的解毒機能，另外還有消除血液廢物的效果。

大豆卵磷脂

主要含有維生素B群、蛋白質及亞麻仁油等成分。可以促進血液脂肪及廢物的排出。

啤酒酵母

主要含有天然的維生素B群。可以消除疲勞、增強體力，以及使排便順暢、幫助腸內有益菌的增加。

小麥胚芽

主要成分有粗蛋白及維生素B1、B2、D等。能夠幫助消化、淨化血液，還有柔軟血管的功效。

玄米醋

是天然釀造醋，含豐富的蛋白質、醣類、纖維及維生素等多種營養物質，能使人體血液酸鹼保持平衡。

銀耳

含有大量蛋白質、醣類、脂肪、醇類及微量元素等成分。能補養胃、幫助消化、改善營養狀態，另外還可以健腦強腎、增進腦智、美白肌膚、潤澤肌膚。

靈芝

主要含有多醣體、生物鹼及麥角甾醇胺基酸等成分。幫助對抗癌症及幅射傷害。

黃精

味甘、微溫。能夠滋補強壯、抗菌、補肺氣及柔軟筋骨。

黨參

含有蛋白質、維生素B1和B2、生物鹼、醣類、黨參皂等成分。有補中益氣、健脾胃、助消化、強化抗病毒能力、降血壓等功效。

黃耆

含有醣類、甜菜鹼、膽鹼、葉酸、胺基酸、異黃酮、皂貳等成分。能夠增進新陳代謝、改善全身營養狀態、提高免疫力、改善血液循環、保護肝臟及腎臟等功效。

茯苓

是很好的利尿劑。有利水滲濕、健脾和中、寧心安神、強心降壓、增進免疫功能等功能，並能抗癌、抑制腫瘤。

枸杞

含有胡蘿蔔素、維生素C、B群等成分。可以降低血糖、膽固醇，預防動脈粥樣硬化，並有益視力、神經系統等正常運作，緩和緊張、消除疲勞等作用。

米飯・菜餚

Rice and dishes

● *解毒・通腸利便*
糙米地瓜飯

排毒健康小語

可以通腸利便、解毒、補虛，還可以增加腸道蠕動功能。

材料🌾

有機糙米2杯
地瓜600公克
（可選多種顏色混合）

🍳 作法

1 糙米洗淨後，以冷開水再清洗兩次，然後浸泡冷開水1小時，冬天時須泡2小時。

2 將地瓜洗淨外皮後，切滾刀塊待用。

3 把浸泡糙米的水倒除，另加入3杯水，並放入地瓜塊，以電鍋煮熟即可。

美 味 小 祕 訣

① 現在市面上有一些優良的糙米，不需要長時間浸泡，只需要浸泡15至20分鐘，也可不用泡水，烹煮時把水多加約四分之一，一樣可以馬上煮出香Q好吃的糙米飯。另外也有新的微電腦炊飯電子鍋，可以不須浸泡就直接煮食，方便又好吃喔！

② 洗淨糙米再用冷開水洗一遍，是預防夏天以生水浸泡時水容易變質，影響健康。

③ 地瓜不用去皮，因為皮的營養成分很高，所以一定要清洗乾淨。

● 減少糞便中毒素的危害

雜糧南瓜飯

材料

五穀雜糧米2杯
南瓜450公克

作法

1 將五穀雜糧米洗淨,以冷開水再清洗兩次,
然後浸泡冷開水2小時。

2 南瓜洗淨外皮,去籽後切大塊。

3 把浸泡雜糧米的水倒除,另加入3杯水,並
放入南瓜塊,以電鍋或電子鍋煮熟即可。

排 毒 健 康 小 語

南瓜所含的甘露醇有通便的功效,加上雜糧米的
纖維,可減少糞便中毒素的危害,並預防腸病
變。

美 味 小 祕 訣

南瓜要挑水分少、粉性較多的,
煮出來才會鬆軟可口,
以日本種的南瓜比較好吃,可在超市或大型市場買到。

● 維持正常代謝‧減緩體內老化

黃豆胚芽飯

材料

有機黃豆半杯
胚芽米11/2杯
紅棗10粒
黨參3錢
黃耆5錢

作法

1. 有機黃豆洗淨,泡水2小時;胚芽米洗淨,以冷開水再清洗兩次,然後浸泡冷開水2小時。

2. 黨參切段,與黃耆洗淨備用。

3. 準備半鍋滾水,把泡好的黃豆放入汆燙一下,撈出,放入1500cc的水中,加入紅棗、黨參及黃耆,一起以大火燒煮約30分鐘。

4. 胚芽米倒除浸泡的水,然後取出煮好的黃豆及湯汁3杯,一起以電鍋蒸熟即可。

排毒健康小語

這道米食含有活脏肽,可以抗自由基、減緩體內老化細胞、活化細胞、維持正常代謝機能,並改善糖尿病及高血脂症。

美 味 小 祕 訣

藥材中的紅棗及黨參,
都可以與胚芽飯一起食用。

● *解毒·排毒*

山藥紫米飯

材料

紫米11/2杯
尖糯米半杯
山藥150公克
枸杞5錢

作法

1. 將紫米與尖糯米混合清洗乾淨後，以冷開水再清洗兩次，然後浸泡冷開水半小時。
2. 山藥洗淨，去皮、切丁；枸杞以冷開水洗淨備用。
3. 將浸泡米的水倒除，再加入2杯水，以電子鍋煮熟後，放入山藥丁及枸杞充分拌勻，再繼續燜煮約3至5分鐘即可。

排毒健康小語

山藥含有纖維素、果膠、膠質及植物黏液多醣體，能解毒、排毒、通便及抗癌，又加上抗氧化的紫米及枸杞，更具功效。

美 味 小 祕 訣

山藥與枸杞稍後才加，
可保持口感與色澤的美感，功效一樣不打折！

● 解除有毒化合物·重金屬及藥物與放射等毒性

芋頭糙米粥

材料

芋頭200公克
糙米飯2碗
香菇4朵
香菜少許
芹菜少許
素高湯1200cc

調味料

有機香菇醬油1大匙

作法

1. 將芋頭洗淨,去皮,切小塊;香菇以水泡軟後,切絲;香菜、芹菜洗淨,切末待用。

2. 起油鍋,燒熱1大匙橄欖油,先放入香菇絲、芋頭塊炒香,然後以香菇醬油調味,再加入素高湯、糙米飯,先以大火煮滾,再轉中小火煮約15分鐘,起鍋前撒上香菜末、芹菜末食用。

● 排毒健康小語

這道粥品可以解除有毒化合物、重金屬及藥物與放射等毒素,並可掃除體內自由基。

美味小祕訣

① 炒完香菇絲與芋頭後加入醬油,可使醬油的香氣藉由熱鍋釋放出來。

② 有機醬油是沒有防腐劑的醬油,吃後對身體不會有負擔,但是開罐後一定要放冰箱保存,以免發霉。

③ 素高湯製作:白蘿蔔連葉子600公克、乾香菇6朵、牛蒡300公克、番茄150公克等蔬菜洗淨、切塊,與泡軟香菇,全部放入3000cc水中,熬煮半小時後瀝掉菜渣即是素高湯。

● *發汗・排毒*

生薑黑豆桂枝粥

材料

黑豆半杯
紫米半杯
薏仁1杯
生薑50公克
桂枝5公克

作法

1 黑豆洗淨，泡水約2小時；紫米與薏仁洗淨，泡水約30分鐘。

2 泡好的黑豆與生薑、桂枝放入鍋中，加入5杯水，先以大火煮滾，再轉中小火煮約30分鐘，然後加入紫米和薏仁繼續烹煮30分鐘即可。

排毒健康小語

這道粥品有發汗排毒的功效，能增強腎臟的解毒利尿功能，還有促進排汗的效果。

美味小祕訣

① 桂枝用濾紙袋包好再煮，這樣才不會散開，影響口感。

② 可將藥材與黑豆用蒸的方式一次多準備一些，再放冷凍庫保存，每次使用時較不費時。

● 利尿・排毒・抗癌及通便

紅豆薏仁地瓜粥

排毒健康小語

這道粥品有利尿、排毒、抗癌及通便的效果，還能預防皮膚病變及腸道蠕動不良。

材料 🌱

紅豆半杯
薏仁半杯
胚芽米1杯
地瓜600公克

🍲 作法

1. 將紅豆、薏仁及胚芽米混合洗淨後，泡水30分鐘；地瓜洗淨，不去皮直接切小塊待用。

2. 把浸泡紅豆、薏仁及胚芽米的水倒除，加入5杯水，先以大火煮滾後轉小火煮約5分鐘，熄火，燜約10分鐘，再加入1杯水，煮滾後再熄火，再燜約10分鐘，如此動作再重複一次。

3. 最後將地瓜塊加入紅豆薏仁粥裡，烹煮約5分鐘即可。

美 味 小 祕 訣

作法採用煮滾後燜的烹調方式，
可使紅豆、薏仁等更容易鬆軟，口感更好，而且形狀不散開。

● 解毒・增強免疫系統的抗病毒能力
茯苓小米綠豆粥

排毒健康小語

茯苓含有多醣體，有抗癌及調節免疫功能的效果，與糯小米及中藥材混合煮成粥，更有解毒、補充體力及增強免疫系統的抗病毒能力，也能增加身體的抵抗力。

材料

糯小米1杯
綠豆1杯
茯苓5錢
黨參3錢

作法

1. 將綠豆及糯小米分別洗淨待用。
2. 把綠豆與中藥材放入適量的水裡，以大火先煮滾，再轉中小火煮約20分鐘。
3. 接著加入糯小米及1杯水，繼續烹煮約10分鐘即可熄火，盛出食用。

美味小祕訣

小米有分一般小米及黏性較好的糯小米，
加在綠豆裡煮，以糯小米的口感較好。

● 增強體內毒素的排出·抑制病毒

五色沙拉

材料  作法

紫高麗菜50公克
白色花椰菜150公克
小黃瓜50公克
番茄100公克
黃甜椒50公克
核桃50公克

調味料

檸檬汁1大匙
果寡糖1大匙
鹽少許

1️⃣ 將所有材料洗淨後，紫高麗菜切絲、白色花椰菜分成小朵、小黃瓜切片、番茄去蒂切半月形片狀、黃甜椒切條狀備用。

2️⃣ 白色花椰菜放入滾水中燙熟，撈出瀝乾；核桃以滾開水沖洗一下。

3️⃣ 所有材料組合排盤，把調味料全部混合拌勻後淋在沙拉上即可。

排毒健康小語

維生素、纖維素與酵素的作用可使細胞更為健康，也能增強體內毒素的排出及抑制病毒。

美 味 小 祕 訣

也可將檸檬綠皮部分切細絲，
與調味醬汁一起混合，增加香氣。

● **幫助血液及腸道毒素的排出**

牛蒡海帶芽

材料

牛蒡100公克
乾海帶芽20公克
紅辣椒1根
炒熟白芝麻少許

調味料

(1)白醋1大匙
　　鹽1小匙
(2)玄米醋半大匙
有機醬油半大匙
芝麻醬半大匙
味醂半大匙

作法

1. 將牛蒡以刀背外皮輕輕刮除，洗淨後切條狀，浸泡醋水（份量外）；海帶芽泡水至漲開後，洗淨；辣椒洗淨，去籽、切絲待用。

2. 燒滾適量的水，加入白醋及鹽後放入牛蒡煮約3分鐘，再加入海帶芽，煮滾即可把牛蒡及海帶芽撈出，瀝乾。

3. 將煮好的牛蒡及海帶芽、辣椒絲一同放入大碗內，倒入事先混合拌勻的調味料(2)，再撒上炒熟的白芝麻即可。

排毒健康小語

這道涼菜可以幫助血液及腸道毒素的排出，同時也能增強肝、腎的解毒能力。

美 味 小 祕 訣

海帶芽有泡過水及乾品，如用乾品需要自己泡，
若使用泡好的，就需要100公克，
不過泡好的海帶芽口感沒有現泡的好吃，
而且衛生上也比較沒保障。

● **增強腸道的保衛能力・防止毒素產生**

納豆拌秋葵

材料

秋葵150公克
納豆2大匙

調味料

(1) 鹽1小匙
　　糖1小匙
　　油1小匙
(2) 味噌半大匙
　　味醂半大匙
　　黃芥末少許

作法

1 將秋葵洗淨去蒂頭，放入加有調味料(1)的滾水中煮約1分鐘左右，撈出，瀝乾水分後排盤。

2 將調味料(2)與1大匙冷開水先拌勻，再加入納豆攪拌均勻後，淋在秋葵上即可。

排毒健康小語

納豆的酶及維生素含量豐富，又含有對腸胃有益的菌，因此可以增強腸道的保衛能力、防止毒素產生。

美 味 小 祕 訣

秋葵若燙太久，會不爽脆，
色澤變黃、口感變差，
所以放入滾水中快速燙一下即可。

● 抑制老化

鮮茄拌雙菇

材料

番茄150公克
美白菇75公克
鴻喜菇75公克
紅辣椒2根
巴西利適量
九層塔適量
橄欖油1大匙

調味料

鹽半小匙
黑胡椒少許
蘋果醋半大匙
味醂半大匙

作法

1. 番茄去蒂頭後洗淨,切條狀;美白菇、鴻喜菇分別洗淨,撕成小朵後放入事先燒好的熱水中快速汆燙一下,撈出瀝乾。
2. 巴西利、九層塔、辣椒洗淨,切細末。
3. 把所有處理好的材料與橄欖油一大匙、調味料一同放入大碗中,混合攪拌均勻即可。

排毒健康小語

茄紅素及多醣體食物是排毒與抗癌的重要營養素,胡蘿蔔素也可以讓身體細胞更活化,抑制老化及自由基,這道料理包含了這些營養成分,可以多多食用。

美味小祕訣

菇類食材不需煮太久,
煮太久則口感較不脆,彈性、鮮度也較差。

● **增加修護細胞功能・預防消化道癌**

薑汁拌茄子

材料

茄子150公克
毛豆100公克
薑泥1大匙

調味料

鹽1小匙
有機香菇醬油1大匙
味醂半大匙

作法

1. 茄子洗淨,切段;毛豆洗淨,瀝乾待用。
2. 燒開半鍋水,加入鹽及毛豆,煮約3分鐘後撈出毛豆,再將茄子段放入煮約3分鐘,取出,瀝乾水分後排盤。
3. 將毛豆仁去膜,放在茄段上,再把薑泥及香菇醬油、味醂混合拌勻後淋上即可。

● 排 毒 健 康 小 語

這道菜餚有預防消化道癌及增加修護細胞的功能,加上薑裡的薑酚,還可以減肥、抗老化,以及增加肝臟抗菌解毒的功效。

美 味 小 祕 訣

毛豆仁的外膜煮後以冷開水泡一下,
即可輕鬆清除,不需用力搓,
只需泡在大碗的冷開水中,外膜自然就會浮上來。

● 掃除體內致癌物的積聚

芥末三色蔬

材料

綠色花椰菜100公克
山藥80公克
胡蘿蔔50公克
辣椒末1小匙
番茄末1大匙

調味料

鳳梨醋1大匙
(其他醋亦可)
鹽1/4小匙
芥末1小匙

作法

1. 綠色花椰菜洗淨,分切成小朵;山藥洗淨,去皮後切條狀;胡蘿蔔洗淨,去皮後切條狀。
2. 燒開半鍋水,把綠色花椰菜放入燙煮約2分鐘,撈出,瀝乾。
3. 把燙好的花椰菜及山藥條、胡蘿蔔排盤,再把辣椒末、番茄末及所有調味料混合拌勻,淋在上面即可食用。

 排毒健康小語

這道料理可以抗癌、抑制腫瘤,以及掃除體內致癌物的積聚,並有抗老、防老的功效。

美味小祕訣

洗綠色花椰菜時先不要切,
整朵以水沖洗後再切,這樣養分不會流失。
要注意,花朵表面有一些蟲卵及網狀東西,要仔細挑除。

● 讓腸道的毒素快速排出

洋菜拌海藻

材料

洋菜10公克
海藻(海帶嫩芽)20公克
小蘿蔔嬰50公克
紅辣椒末1小匙

調味料

鹽少許
蘋果醋半大匙
味醂半大匙

作法

1. 將洋菜切段，泡冷開水約20分鐘後瀝乾水分；海藻泡冷開水5分鐘，瀝乾待用。

2. 小蘿蔔嬰洗淨，瀝乾水分。

3. 把所有瀝乾水分的材料混合，然後把辣椒末與所有調味料混合均勻後，淋在洋菜等材料上即可。

排毒健康小語

這道洋菜料理，有通便排毒的效果，讓腸道的毒素能夠快速的排出。

美 味 小 祕 訣

海藻也有些包裝寫嫩海帶芽，
泡水後有8至10倍的份量，所以要注意。
泡水太久會爛爛糊糊的不好吃，以5至6分鐘最佳。

● 增加腸道有益菌的增生

紫蘇百香果蘿蔔

材料

白蘿蔔300公克
百香果1個
紫蘇葉2片
紫蘇梅醬半大匙

調味料

鹽1小匙

作法

1 將白蘿蔔去皮後洗淨，切塊狀，然後用鹽拌醃約10分鐘使其軟化。

2 百香果挖出果肉及湯汁；紫蘇葉洗淨後切細絲，與紫蘇梅醬、百香果汁混合拌勻備用。

3 把醃好的蘿蔔塊以冷開水沖洗兩次，瀝乾後拌入紫蘇百香果梅醬即可。

排毒健康小語

這道是屬於發汗排毒法的一種菜餚。紫蘇跟蘿蔔都有發汗作用，加上梅子可以整腸殺菌，所以能夠增加腸道有益菌的增生。

美 味 小 祕 訣

可在醬汁加入新鮮的紫蘇葉，
味道更香濃。如果買不到新鮮紫蘇葉，
只用紫蘇梅醬就可以了。

● 排除體內廢物・增強細胞活力

芽菜海苔卷

材料

全麥餅皮1張
海苔4張
葵花芽適量
蕎麥芽適量
苜蓿芽60公克
蘋果100公克
三寶粉20公克
炒熟松子1大匙
有機罐頭玉米粒適量
紫蘇梅醬適量

作法

1. 葵花芽、蕎麥芽、苜蓿芽洗淨後,再用冷開水沖洗一遍,徹底瀝乾水分備用。

2. 蘋果洗淨,去籽後切細絲狀,以薄鹽水(份量外)浸泡一下,瀝乾水分;全麥餅皮切成4等份。

3. 將每份餅皮攤平,鋪上一張海苔,再將三種芽菜與蘋果絲各取適量擺上,然後撒上適量的三寶粉、松子及玉米粒,最後淋上少許的紫蘇梅醬後捲起即可食用。

排毒健康小語

芽菜海苔卷能夠排除體內廢物、增強細胞活力,還能對抗外來病毒與細菌,並驅除致癌物。

美 味 小 祕 訣

① 全麥餅皮在有機商店可以買到,買回後放在冷凍庫可以保存較長時間,使用前放入乾鍋內煎一下,或是蒸熱都可以。

② 三寶粉就是大豆卵磷脂、小麥胚芽、啤酒酵母三種合成的。

● 預防腫瘤・清除血液毒素

麻辣油菜

材料

油菜300公克
花椒末1小匙
紅辣椒末1大匙

調味料

(1) 鹽半小匙
　　油半小匙
　　糖半小匙
(2) 有機香菇醬油1大匙

作法

1. 油菜洗淨，放入加有調味料(1)的滾水中，汆燙約2分鐘，取出，擠乾水分，切段後排盤。

2. 把花椒末、辣椒末與有機香菇醬油調勻，淋在油菜上即可。

排毒健康小語

這道料理有發汗、整腸、排毒的功效，它能夠抗自由基、預防細胞老化、預防腫瘤及清除血液毒素。

美味小祕訣

花椒可先以乾鍋炒香、放涼後裝瓶，
每次使用時可直接壓碎，
或泡熱油再用，可使食物香氣更濃。

● 增強肝臟解毒功能

白灼馬齒莧

材料

馬齒莧300公克
三寶粉1大匙

調味料

鹽半小匙
油半小匙
糖半小匙

作法

1. 馬齒莧洗淨後切段，放入加有調味料的滾水中燙煮約2分鐘，撈出，瀝乾水分後裝盤。

2. 將三寶粉撒在燙好的馬齒莧上即可。

排毒健康小語

這道料理可以抑制腸內細菌，還能增強肝臟解毒的功能。

美味小祕訣

馬齒莧俗稱豬母乳，有原生及種植兩種。
原生種顏色為紫紅色梗，味道酸澀；
種植改良種，是綠色梗，味道較不酸澀。

● 預防無名腫毒

涼拌蕪菁

材料

蕪菁(大頭菜)1個
紅辣椒1根
香菜適量

調味料

鹽1小匙
有機醬油1小匙
玄米醋2小匙
果寡糖2小匙

作法

1. 蕪菁去皮後洗淨，切薄片，每片一端劃密齒刀狀，然後加鹽抓勻，醃約10分鐘。
2. 香菜、辣椒分別洗淨，香菜切末，辣椒去籽、切片狀。
3. 把醃好的蕪菁片以冷開水沖洗一下，再加入醬油、玄米醋、寡果糖及辣椒片、香菜末拌勻即可。

排毒健康小語

這道涼拌菜可以清除體內毒素，並能預防無名腫毒。

美 味 小 祕 訣

① 可加入香油或花椒末來增添另一種風味。
② 玄米醋可改用蘋果醋或鳳梨醋取代。

PART 2

湯品・甜點

Soup and dessert

● 促進大腸蠕動

芽菜馬蹄腐竹湯

材料🌱

腐竹50公克
去皮馬蹄150公克
蘿蔔嬰15公克
素高湯800cc
（作法請參考第27頁）

調味料🌱

鹽少許

🥄 作法

1 將腐竹泡水至軟化後切小塊；馬蹄洗淨，每個切對半；蘿蔔嬰洗淨，瀝乾待用。

2 素高湯放入鍋中，以大火煮滾後，加入馬蹄、腐竹，以中火續煮約10分鐘，然後加鹽調味，熄火後加入蘿蔔嬰即可。

🌿 排毒健康小語
這道湯品可以促進大腸蠕動，而其中的蛋白與酵素，還可以抗老、防癌及均衡養分的攝取。

美味小祕訣

腐竹較硬，要先泡水，也可以用腐皮來取代。
若用腐皮，只需煮滾即可食用。

● 清腸・解宿便
黃瓜蔬菜湯

材料

大黃瓜1/3條(約300公克)
美白菇80公克
茶樹菇80公克
胡蘿蔔50公克
芹菜30公克
素高湯800cc
(作法請參考第27頁)

調味料

鹽半小匙

🖐 作法

1. 大黃瓜洗淨，不去皮直接切片；胡蘿蔔洗淨，切鋸齒片狀；菇類洗淨，瀝乾，撕成小朵；芹菜摘掉葉子，洗淨，切末備用。

2. 素高湯倒入湯鍋裡，以大火煮滾後加入大黃瓜片、胡蘿蔔片及兩種菇類，待再度煮滾時，加鹽調味，起鍋時撒入芹菜末即可。

排毒健康小語

這道湯品可以清腸、解宿便、排毒及抗癌。

美味小祕訣

清洗菇類時不要洗太久，
以免吸入太多水分而影響鮮度。

● 增加體內解毒酶

奶香蔬菜湯

材料

有機牛奶500cc
高麗菜120公克
綠色花椰菜120公克
胡蘿蔔80公克
番茄50公克
鴻喜菇50公克
素高湯500cc
（作法請參考第27頁）

調味料

鹽少許

作法

1 將所有蔬菜分別洗淨後，高麗菜切大塊，綠色花椰菜切成小朵，胡蘿蔔切鋸齒片狀，番茄去蒂頭切塊；鴻喜菇洗淨，撕成小朵待用。

2 先把素高湯以大火煮滾，再加入高麗菜、胡蘿蔔及番茄，煮約10分鐘後加入綠色花椰菜、鴻喜菇，再度煮滾時倒入牛奶及加鹽調味，等煮至將滾時即可熄火。

 排毒健康小語

這道蔬菜湯可以增加體內解毒酶與抗自由基及抗氧化食物的攝取，進而達到排毒作用。

美味小祕訣

牛奶煮滾後營養及口味都會變差，
所以煮至將滾就可。

● *抗癌・解毒*

野菇菠菜湯

材料

菠菜375公克
乾品海帶30公克
金喜菇30公克
杏鮑菇80公克
茯苓5錢
靈芝5錢
甘草1片
素高湯800cc
(作法請參考第27頁)

調味料

味噌2大匙

作法

1. 菠菜洗淨,切段;金喜菇切除根部後洗淨;杏鮑菇洗淨,切片待用。

2. 將素高湯倒入湯鍋裡,加入靈芝、茯苓、甘草及清水400cc,以大火煮滾後轉小火燒煮約20分鐘後,把藥材撈除。

3. 接著把乾海帶剪小段,放入作法2的湯裡,再加入杏鮑菇片、金喜菇及菠菜,待再度煮滾。

4. 將味噌拌入少許湯汁使其融化後,倒入滾熱的湯汁裡,拌勻即可。

排毒健康小語

這道湯品裡有含有抗氧化劑作用的食材,能夠清除自由基;含多酚成分,則可修復細胞,抗癌解毒。

美 味 小 祕 訣

金喜菇跟金針菇有些類似,
但是金喜菇膠質較多,不需久煮,
否則顏色會變黑,口感變老,不好吃。

● **調節免疫機能・增強抵抗病毒能力**

免疫活力湯

材料

茶樹菇80公克
竹笙2根
蘆筍2支
山藥80公克
蓮子80公克
麻油1小匙
薑2片、黨參3錢
茯苓3錢、黃耆5錢
炙甘草1錢、靈芝錢
素高湯1500cc
（作法請參考第27頁）

調味料

鹽少許

作法

1. 將素高湯倒入湯鍋裡，加入500cc清水及黨參等中藥材，以大火煮滾後轉小火熬煮約20分鐘待用。

2. 把竹笙泡水至軟，以滾水燙過後切小段；茶樹菇、蓮子洗淨；山藥洗淨後去皮，切塊；蘆筍洗淨，削除老硬部分後斜切段。

3. 起油鍋，把麻油以小火加熱，炒香薑片後倒入熬好的藥汁，並加入蓮子、山藥、茶樹菇及竹笙，煮約15分鐘後再加入蘆筍，待再度煮滾時即可加鹽調味。

排毒健康小語

這道湯品可以調節免疫機能，增強體力及抵抗病毒的能力，還可以抗老化、舒緩壓力。

美 味 小 祕 訣

買新鮮蓮子較容易煮，若使用乾蓮子，
要與藥材等一起先煮，口感才會鬆軟。

● 淨化體內毒素

香薑木耳湯

材料🌿

有機黑木耳10公克
白面蘑菇80公克
胡蘿蔔30公克
綠色花椰菜100公克
香菜適量
薑皮10公克
素高湯1000cc
(作法請參考第27頁)

調味料🌿

鹽半小匙

🍴 作法

1 木耳泡水約30分鐘後,洗淨,切除蒂頭,撕成小塊。

2 胡蘿蔔洗淨,切片;白面蘑菇洗淨,撕成小朵;綠色花椰菜洗淨,切成小朵;香菜洗淨,切末待用。

3 將素高湯倒入湯鍋裡,加入薑皮及黑木耳、白面蘑菇、胡蘿蔔片、綠色花椰菜,以大火煮滾後轉中小火,煮至材料熟透即可加鹽調味,起鍋前撒入香菜末。

排毒健康小語

這道湯裡含有多酚類、十字花科類、多醣體的食材,它們都是抗癌排毒的好材料,能夠淨化體內毒素,同時也能增加腸胃蠕動、驅除腸內穢氣。

美味小祕訣

薑皮即是老薑的外皮,
促進血液循環及排汗效果更好,也不會太辣。

● 抑制毒素的形成
番茄蕪菁湯

排毒健康小語

這道湯品是茄紅素與多酚類物質的組合，可以形成毒素的抑制作用及抗氧化功能。

材料🥬

蕪菁(大頭菜)半個
番茄1個(約120公克)
新鮮巴西蘑菇100公克
洋菇100公克
素高湯1000cc
(作法請參考第27頁)

調味料🥬

鹽少許

🥄 作法

1. 將蕪菁去皮後洗淨，切塊；番茄洗淨，去蒂切塊；巴西蘑菇洗淨後去蒂；洋菇洗淨。

2. 素高湯倒入湯鍋裡，加入蕪菁及番茄塊，以大火先煮滾，再轉小火煮約20分鐘，然後加入巴西蘑菇及洋菇，繼續煮約10分鐘，即可加鹽調味。

美 味 小 祕 訣

巴西蘑菇洗好後才去蒂，以免泥巴吸入食材裡影響風味；如果買不到鮮品，可使用乾品，但要注意品質，不要置入有添加藥物的巴西蘑菇。

● 幫助宿便排出‧抑制脂肪囤積
香菇白菜湯

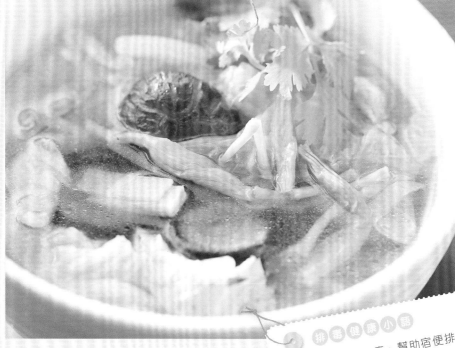

抗癌健康小語
這道湯品可以抗癌、幫助宿便排出、減少致癌物在體內的滯留，還能抑制脂肪囤積、抗腫瘤。

材料

大白菜450公克
乾金針15公克
乾香菇6朵、薑片少許
香菜適量
素高湯800cc
（作法請參考第27頁）

調味料

鹽少許

作法

1. 大白菜洗淨，撕成大塊；香菇泡水至軟，洗淨；金針泡水至軟後摘除硬蒂，洗淨，並用滾水汆燙一下待用。

2. 將素高湯倒入湯鍋中以大火煮滾，加入薑片、大白菜、香菇及金針，續煮滾，再轉小火煮約20分鐘，最後加鹽調味，撒上香菜末即可。

美味小祕訣

金針汆燙後口感上比較不酸；香菇蒂可以剪掉，但可與湯一起煮，增加香味。

● 解除腸道毒素及廢物

木瓜蓮子銀耳湯

材料

木瓜200公克
蓮子100公克
乾品白木耳(銀耳)15公克
紅棗6粒

調味料

有機冰糖60公克

作法

1 將白木耳泡水至漲大後，洗淨，去掉硬蒂，撕成小塊，再用滾水汆燙一下備用。

2 木瓜洗淨，去皮、籽後切塊；蓮子洗淨；紅棗去籽。

3 將白木耳、蓮子、紅棗加入適量的水煮約15分鐘後，加入切塊的木瓜，續煮約10分鐘，即可加冰糖調味。

排毒健康小語

這道用木瓜製作的甜點，能夠通便、清腸、解除腸道的毒素及廢物，還能抗自由基、排解體內毒素的存留。

美味小祕訣

木瓜若要烹煮，應挑選較硬的來使用，最好是外皮綠綠的、果肉有點紅，又有硬度的較適合，或直接選用青木瓜也可。熟成的黃木瓜，不需要煮過，直接切塊加入食用亦可。

● 增強身體解毒能力
糖蜜紫芋

材料🍃

小芋芛10個
大豆卵磷脂15公克

調味料🍃

糖蜜40公克

🍴作法

1️⃣ 將小芋芛洗淨，蒸熟後去皮。
2️⃣ 食用時，淋下糖蜜、撒上卵磷脂即可。

美味小祕訣

蒸熟後的小芋芛去皮容易，
又不會造成手的搔癢與刺痛。

● 消除身體發炎現象

豆漿馬蹄露

排毒健康小語

這道甜品可以利尿、清熱、解毒，還可以消除身體發炎現象，以及降血壓。

材料🌿

黑豆2杯
黃豆1杯
去皮馬蹄150公克
枸杞3錢

🖐️作法

1. 將黑豆、黃豆混合洗淨後，以冷開水再清洗兩次，然後浸泡冷開水約2小時，瀝乾，倒入果汁機裡，加入2000cc冷開水攪打成漿狀，倒入湯鍋裡。

2. 馬蹄洗淨，切小丁，加入打好的豆漿裡，接著以小火慢慢煮滾，最後加入枸杞即可。

美味小祕訣

① 黑豆與黃豆一起製成的豆漿，可同時攝取兩種食材的功用。
② 打豆漿時，選擇可濾掉殘渣的果汁機較方便。

● 強化肝臟解毒能力・維護肝功能正常排毒

紅棗冰糖蘆薈

排毒健康小語

這道蘆薈甜點，可以強化肝臟解毒
能力、維護肝功能正常排毒，還有
恢復體力的作用，以及抗氧化。

材料🌿

新鮮蘆薈150公克
紅棗3粒
桂圓肉15公克

調味料🌿

有機冰糖1大匙

🥄 作法

1 將蘆薈洗淨，橫向剖開，以鐵湯
匙取下透明果肉部分，切塊。

2 紅棗去籽，與桂圓肉、蘆薈果肉
一同加入600cc的水，放入已燒
開水的蒸籠裡，以中火蒸約20分
鐘，加冰糖調味即可。

美 味 小 祕 訣

①蘆薈綠皮部分苦澀，不適合食用。
②以蒸的方式，湯品清澈又甘醇。

● 增加代謝機能
薑泥地瓜湯

排毒健康小語

這道利用地瓜的甜品,可以利尿、
排汗、通便,增加代謝機能,是一
種疏解體內毒素的好方法。

材料

地瓜600公克
薑泥50公克

調味料

有機紅糖100公克

作法

地瓜洗淨,不去皮直接切塊,然後
加入適量的水,煮熟後加紅糖調
味,食用時加入薑泥即可。

美 味 小 祕 訣

也可以利用大塊薑洗淨,連皮一起拍碎,
與地瓜一起烹煮,有同樣效果。

果汁・茶飲

Fruit juice and tea

芽菜精力湯

● 防止病毒入侵・排除腸道毒素

排毒健康小語

芽菜、水果中含有豐富的酵素，可以製造身體所需要的各種養分來供給維持各種機能的健康，以及防止病毒的入侵，並可以防止過敏症。芽菜中的粗纖維，還可以幫助排泄腸道毒素。

材料 🌱

苜蓿芽15公克
蕎麥芽20公克
小蘿蔔嬰15公克
蘋果50公克、鳳梨50公克
葡萄乾15粒、香蕉50公克
腰果20公克
三寶粉15公克

🍴 作法

1. 將三種芽菜洗淨，再以冷開水沖洗，瀝乾待用。
2. 蘋果洗淨去籽，連皮一起切塊；鳳梨、香蕉分別去皮，切塊。
3. 把所有材料全部放入果汁機裡，加入700cc冷開水，攪打均勻即可倒出飲用。

美味小祕訣

以新鮮蔬菜、水果製作的果汁，
最好攪打後馬上飲用，
不然會氧化，營養成分就會流失唷！

蔬果精力湯

預防濾過性病毒的感染．強化免疫系統功能

材料

高麗菜80公克、蓮藕80公克
西洋芹菜50公克
胡蘿蔔50公克
花椰菜芽15公克
葡萄柚1個、蘋果1/4個
油菜40公克、松子20公克
大豆卵磷脂15公克

作法

1. 高麗菜、油菜、西洋芹菜洗淨，切塊；
   蓮藕、胡蘿蔔刮淨外皮，切塊；花椰菜
   芽洗淨；將所有處理好的蔬菜再用冷開
   水清洗一遍待用。

2. 葡萄柚壓汁；蘋果洗淨去籽，不去皮直
   接切塊。

3. 將所有材料放入果汁機裡，加入800cc
   冷開水，攪打均勻即可倒出飲用。

美味小祕訣

怕直接用果汁機攪打蔬果有太多渣渣，可先將蔬果用分離式果汁機搾汁
後，再加入花椰菜芽及大豆卵磷脂攪打均勻即可。不過蔬果的纖維質可讓
腸道蠕動，增加排便，有清腸及排宿便的效果，多攝取體重也會下降喔！

黃瓜精力湯

● 維持身體各器官解毒功能正常

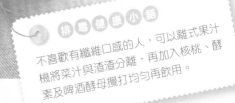

材料 🍵

大黃瓜80公克
柳橙80公克
哈密瓜100公克
西瓜翠衣80公克
葡萄15粒
核桃50公克、酵素30cc
啤酒酵母15公克

作法 👌

1. 大黃瓜洗淨，不去皮、去籽後切小塊；西瓜翠衣去綠皮，切小塊；哈密瓜去皮、瓜瓤，切小塊；柳橙去皮、籽，切小塊；葡萄洗淨，去皮、去籽待用。

2. 把全部的材料一起放入果汁機裡，倒入1000cc冷開水，攪打均勻即可倒出飲用。

美 味 小 祕 訣

這道精力湯有利尿、排毒及修護淋巴系統和身體各組織，
讓身體的各器官解毒功能正常，還可以抗氧化及消除自由基。

五色蔬果泥

● 排除腸胃道毒素・改善便祕

排毒瘦身小語

這道蔬果泥能夠活化內臟、解毒、排除
腸胃道毒素及改善便祕，是通便排毒的
好料理，並且還能預防癌症。

材料 🥗

山藥80公克、枸杞10公克
海藻5公克、柳橙80公克
花椰菜芽15公克
蘋果半個、葡萄15粒
腰果50公克、酪梨80公克
楓糖30公克

作法

1. 山藥洗淨，去皮後切塊；柳橙搾汁；
   花椰菜芽洗淨，瀝乾；蘋果洗淨，
   去籽不去皮直接切塊；葡萄洗淨，去
   皮、籽；酪梨去皮、核，切塊。

2. 將所有材料放入果汁機裡，加入200
   cc冷開水，攪打均勻即可倒出飲用。

美 味 小 祕 訣

海藻又稱海帶嫩芽，用乾品不泡開，
與有水分的蔬果攪打成汁後，會吸收蔬果水分而膨漲，
使其更有飽足感，又可清宿便。

木瓜鮮果泥

● 清除尿酸及血液中的膽固醇

排毒健康小語

這是一道幫助排便順暢的通便排毒飲料，它能降低身體的炎症，並可以清除尿酸及血液中的膽固醇。

材料

黃香瓜100公克
木瓜100公克
香蕉80公克
啤酒酵母15公克
原味優酪乳300cc

作法

1 香瓜及木瓜分別洗淨，去皮、籽後切塊；香蕉去皮，切塊。

2 所有材料放入果汁機裡，攪打均勻即可倒出飲用。

美味小祕訣

如果不喜歡果泥的濃郁口感，
可以加一點冷開水。

鳳梨甜菜泥

● 加強淋巴系統的防禦力‧增加抵抗病毒能力

材料 🍵

鳳梨100公克
甜菜根60公克
火龍果100公克
蜂蜜15公克

排毒健康小語

這甜菜在古希臘被視為神聖的禮物，它是能協助肝臟解毒功能的根莖蔬菜，同時也可加強淋巴系統的防禦力，以及增加抵抗病毒的能力。這道蔬果泥還有抗發炎及排除體內廢物的功效，是保肝、降血糖及血脂的天然良方。

🥄 作法

1 鳳梨、甜菜根、火龍果分別去皮後切塊。
2 將所有材料一起放入果汁機裡，加入冷開水300cc攪打均勻即可倒出飲用。

美味小祕訣

甜菜根色澤鮮艷，有些許的泥土味，
可與鳳梨、蘋果或柑橘類來調和口感。

桑椹檸檬泥

● 降低尿酸‧痛風

排毒健康小語

這道飲品可以降低尿酸、紓緩痛風症狀、解除致癌物質,並能增加肝臟解毒功能。

材料

原味優酪乳200cc
桑椹醬200公克
檸檬汁15cc

作法

將所有材料放入果汁機裡攪打均勻即可倒出飲用。

美 味 小 祕 訣

利用季節盛產時採收的新鮮桑椹果,洗淨後加入等量的水煮30分鐘,再加入有機冰糖,再煮30分鐘,就成了顆粒桑椹醬,可以用來製作本道飲品,還能做成桑椹冰沙、桑椹沙拉醬及桑椹果汁等。

洛神葡萄柚汁

● 強化肝功能‧清熱‧利尿

排毒健康小語

這道果汁含有花青素，能夠抗自由基、抗老化及清熱、利尿，並能強化肝功能，達到排尿、解毒及肝臟解毒的作用。

材料

鮮洛神花60公克
葡萄柚汁300cc
蜂蜜15cc

作法

1. 洛神花洗淨後，以滾水沖洗一下，去除表面細毛。
2. 將葡萄柚汁、洛神花及200cc冷開水、蜂蜜一同放入果汁機裡，攪打均勻即可倒出飲用。

美 味 小 祕 訣

洛神花有鮮品及乾品。在產季時，可買到新鮮洛神花，買回後洗淨，
再用滾水燙洗一下，約30秒，取出放涼，然後加入冰糖水（糖與水的比例是
糖8：水1）及少許高粱酒，密封起來，存放於冰箱，就會成為好吃的蜜餞了。

奇異果牧草汁

抗病毒・美膚

排毒健康小語

這道果汁含有豐富的葉綠素及維生素，可以抗病毒、美膚及預防癌症，進而改善體質、提升抵抗力。

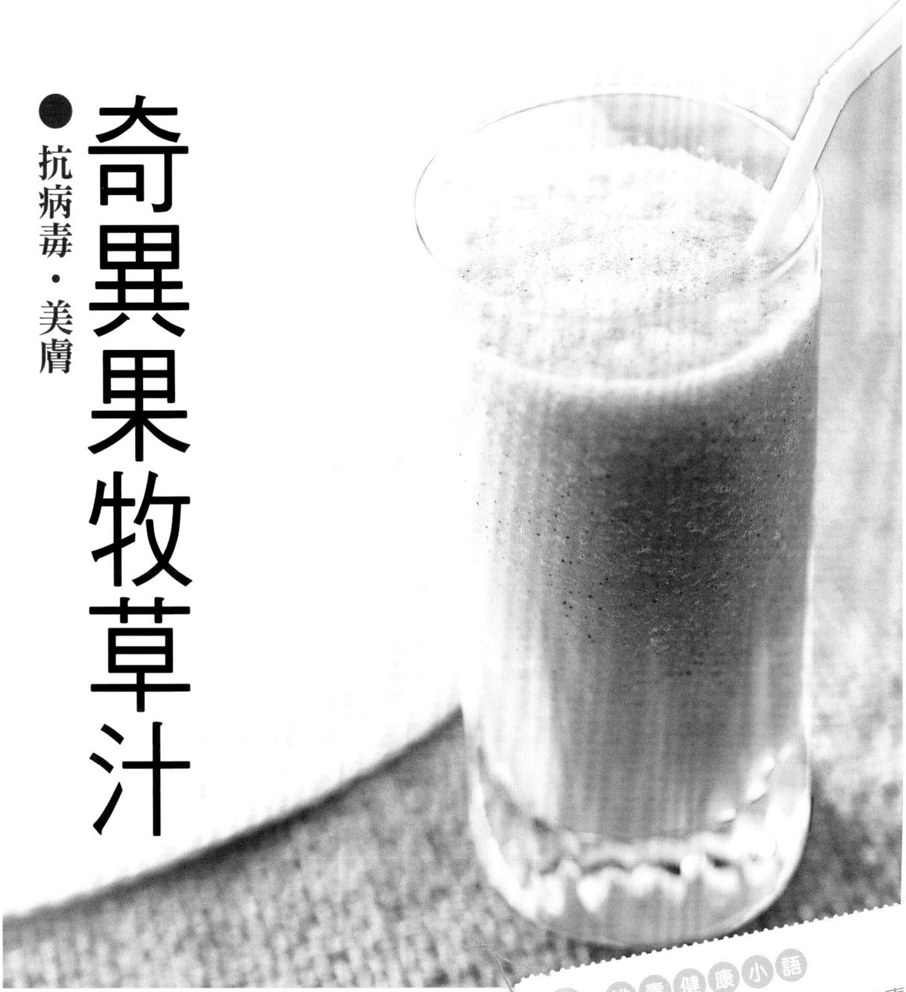

材料

牧草粉30公克
奇異果2個
柳橙汁400cc
糖蜜或楓糖30公克

作法

1. 奇異果洗淨，去皮後切塊。
2. 把所有材料放入果汁機裡，加入冷開水300cc，攪打均勻即可倒出飲用。（這道果汁是兩人份。）

美味小祕訣

牧草要打成汁需要較特別的壓汁機，
一般家庭可以牧草粉來代替，
也可以明日葉麥苗粉交替使用，這些材料在有機商店都有販售。

香瓜草莓檸檬汁

● 降低尿酸值‧增加肝臟解毒功能

排毒健康小語

這道果汁有利尿及改善身體發炎症狀的效果，另外還可以降低尿酸值、增加肝臟解毒功能；對於經常喝酒的人，這道果汁有解酒毒及菸毒的功效喔！

材料

香瓜200公克
草莓150公克
檸檬汁30cc
蜂蜜30cc

作法

1 香瓜洗淨，去皮、籽後切塊；草莓清洗乾淨，去蒂後切半。

2 把所有材料放入果汁機裡，加入冷開水500cc，攪打均勻即可倒出飲用。（這道果汁的份量是兩人份。）

美味小祕訣

先以乾淨容器裝著草莓，以流動的水小心洗淨後，最後再以冷開水清洗一遍，可將草莓清洗較乾淨。

左手香鮮果汁

● 修補黏膜細胞‧驅除病菌‧消炎

排毒健康小語

這道果汁有清熱、消炎的效果，它能夠修補黏膜細胞驅除病菌，還可以利尿、解酒。

材料 🌱

左手香30公克
梨子200公克
甘蔗汁400cc

🖐 作法

1 左手香清洗乾淨後，瀝乾待用。

2 梨子洗淨，不去皮，去籽後切塊，放入果汁機裡，加入左手香及甘蔗汁，攪打均勻即可倒出飲用。（這道果汁的份量是兩人份。）

美 味 小 祕 訣

左手香在青草藥店有售。
也可以自己買一株回來栽種，
是非常容易栽培的一種植物。

葡萄柚綠茶飲

● 通便・利尿・降血壓

排毒健康小語

綠茶中的兒茶素(茶多酚)有抗老化及抗自由基、排毒效果，搭配有利尿、排毒、解熱毒的葡萄柚，更有降血壓、通便、利尿及防癌的功效。

材料 🍵

葡萄柚1個
綠茶包1包

🍵 作法

1. 將葡萄柚洗淨，榨汁；綠茶包浸泡在350cc的滾水中5分鐘，取出茶包，放至稍涼。
2. 把放涼的綠茶汁與葡萄柚汁混合拌勻即可飲用。

美味小祕訣

茶包浸泡太久時，茶鹼會釋放出來，
讓味道變澀，而且影響健康，
所以茶包不宜浸泡太久。

桑葉紅糖飲

● 清除肺部廢物

排毒健康小百科

紅糖有清熱、解毒的效果;桑葉則有清除
肺部廢物、清肺火及解毒、利尿的效果。

材料　　作法

新鮮桑葉70公克　　將桑葉清洗乾淨後,加水1200cc,以大火煮
有機紅糖30公克　　滾後轉小火煮約20分鐘,取汁,加入紅糖拌
　　　　　　　　　勻即可飲用。

美味小祕訣

到郊外很容易採得新鮮桑葉,如沒有新鮮桑葉時,
可使用乾品,但份量須改成15公克。

香根蘿蔔水

○解食物的毒素

排毒健康小語

這道茶飲有排汗、利尿及通便的效果，
更可以解食物中的毒素。

材料

香菜根30公克
白蘿蔔200公克
薑皮30公克

作法

1. 將蘿蔔洗淨，不去皮直接切塊；香菜去掉葉子，只取根莖部，洗淨。

2. 把蘿蔔及香菜根、薑皮一起加水1000cc，以大火煮滾後轉小火煮約20分鐘，取汁飲用。

美味小祕訣

有機商店的蘿蔔，只要洗乾淨後，
葉子也可以一起煮成湯汁，當水飲用。
蘿蔔葉可拌入少許醬油，也很好吃。

紫蘇生薑紅糖水

● 促進表皮排汗‧達到排除毒素作用

排毒健康小語

這道茶飲有發汗、解毒的效果，主要是
促進表皮排汗，達到排除毒素的作用，
也有利尿作用。

材料 🌱

新鮮紫蘇葉20片
生薑50公克
有機紅糖1大匙

作法

將紫蘇葉及生薑分別洗淨後，薑不去皮，直接拍
碎，兩者加水800cc，以大火煮滾再轉小火煮約
10分鐘，取汁，加入紅糖拌勻即可飲用。

美味小祕訣

紫蘇有紅、綠兩種，都可以使用。
若買不到新鮮紫蘇葉，
可改用乾紫蘇，用量約3錢左右。

藕根雙皮飲

● 消除體內炎症及病毒

材料

乾蓮藕100公克
白茅根20公克
西瓜皮300公克
冬瓜皮200公克
糖蜜30公克

作法

將西瓜皮、冬瓜皮清洗乾淨後，與乾蓮藕、白茅根一起加水2000cc，以大火先煮滾，再轉小火煮約30分鐘，取汁，加入糖蜜混合拌勻即可飲用。

美味小祕訣

如果買得到新鮮白茅根，可以新鮮蓮藕根部來煮，
功效及甘甜度更好，
但是蓮藕份量要改為300公克，白茅根改為100公克。

元氣雙子黃瓜精茶

● 增加腎臟及肝臟的解毒功能

排毒健康小語

這道茶飲有利尿、消水腫、補氣，以及增加腎臟、肝臟的解毒功能，並能促進肝細胞的新生。

材料 🍃

黃瓜耆5錢
五味子2錢
枸杞3錢
黃瓜精3錢
紅棗3粒

🍵 作法

將藥材以清水沖洗一下，紅棗去籽後，一同加入1000cc的水，先以大火煮滾，再轉小火煮約30分鐘，取汁，分兩次飲用。

美味小祕訣

也可以把水的量增加到1500cc，
味道煮淡一點，當做一般茶水飲用。

附錄

如何搭配適合自己的
假日排毒餐？

在忙碌了一個禮拜，你有注意到自己的飲食嗎？你身體是否因工作壓力大，而體力不佳，或容易疲勞？還是飲食不正常，亂吃，吃過量而造成腸胃負擔太重？或是本來就有排便不順的現象呢？如果你一直長期新陳代謝不佳，那你身體累積的毒素，就不知道有多少了。

本書介紹了50道對排毒有效的食譜，每道效果都很好。不過，在這裡，我們更針對不同生理現象，將前面食譜配套讓大家參考，你可以依據範例配出適合自己的假日排毒餐，這樣排毒效果會更顯著喔！

Menu

體力不佳，
容易疲勞的排毒餐

早餐
芽菜精力湯或桑椹檸檬泥
（如果早晨空腹喝蔬果汁不習慣者，
可以粥品當早餐）

午餐
主食：糙米地瓜飯
菜餚：麻辣油菜・紫蘇百香果蘿蔔・
　　　納豆拌秋葵
湯品：奶香蔬菜湯

下午茶
糖蜜紫芋或奇異果牧草汁

晚餐
主食：山藥紫米飯
菜餚：薑汁拌茄子・白灼馬齒莧
　　　牛蒡海帶芽
湯品：黃瓜蔬菜湯

宵夜
木瓜蓮子銀耳湯

Menu

大餐吃太多，腸胃負擔重的排毒餐

早餐

黃瓜精力湯或鳳梨甜菜泥

（如果不習慣早晨空腹喝蔬果汁，
可以粥品當早餐）

午餐

主食：雜糧南瓜飯

菜餚：五色沙拉・芥末三色蔬・麻
辣油菜

湯品：野菇菠菜湯

下午茶

薑泥地瓜湯或香瓜草莓檸檬汁

晚餐

主食：糙米地瓜飯

菜餚：牛蒡海帶芽・納豆拌秋葵
鮮茄拌雙菇

湯品：黃瓜蔬菜湯

宵夜

豆漿馬蹄露

Menu

排便不順及身體有發炎現象的排毒餐

早餐

蔬果精力湯或木瓜鮮果泥

（如果不習慣早晨空腹喝蔬果汁，
可以粥品當早餐）

午餐

主食：山藥紫米飯

菜餚：芽菜海苔卷・涼拌蕪菁・
鮮茄拌雙菇

湯品：香薑木耳湯

下午茶

木瓜鮮果泥或洛神葡萄柚汁

晚餐

主食：黃瓜豆胚芽飯

菜餚：洋菜拌海藻・納豆拌秋葵
白灼馬齒莧

湯品：免疫活力湯

宵夜

紅棗冰糖蘆薈或左手香鮮果汁

國家圖書館出版品預行編目資料

體內環保代謝餐 / 林秋香著. -- 初版. --
新北市：雅書堂文化, 2012.01
面；　公分. -- (自然食趣；08)
ISBN 978-986-6247-39-2 (平裝)
1.素食食譜

427.31　　　　　　　　　　100026766

【自然食趣】08
體內環保代謝餐

作　　　者／林秋香
總 編 輯／蔡麗玲
執行編輯／林昱彤
編　　　輯／黃薇之・蔡毓玲・劉蕙寧・詹凱雲
攝　　　影／徐博宇
執行美編／陳麗娜
美術編輯／王婷婷
出 版 者／雅書堂文化事業有限公司
發 行 者／雅書堂文化事業有限公司
郵政劃撥帳號／18225950
地　　　址／新北市板橋區板新路206號3樓
電　　　話／(02)8952-4078
傳　　　真／(02)8952-4084
網　　　址／www.elegantbooks.com.tw
電子郵件／elegant.books@msa.hinet.net

總經銷／朝日文化事業有限公司
進退貨地址／235新北市中和區橋安街15巷1號7樓
電話／Tel：02-2249-7714　傳真／Fax：02-2249-8715
2012年1月初版一刷　定價／250元

星馬地區總代理：諾文文化事業私人有限公司
新加坡／Novum Organum Publishing House (Pte) Ltd.
20 Old Toh Tuck Road, Singapore 597655. TEL：65-6462-6141 FAX：65-6469-4043
馬來西亞／Novum Organum Publishing House (M) Sdn. Bhd.
No. 8, Jalan 7/118B, Desa Tun Razak,56000 Kuala Lumpur, Malaysia
TEL：603-9179-6333 FAX：603-9179-6060